Gudrun Hettinger

Wabenpapier

rund, bunt, plastisch

frechverlag

Von der bekannten Autorin Gudrun Hettinger sind im frechverlag zahlreiche weitere Titel erschienen. Hier eine Auswahl:

TOPP 2202

TOPP 2062

TOPP 2016

TOPP 2123

TOPP 2090

TOPP 2227

Fotos: frechverlag GmbH + Co. Druck KG, 70499 Stuttgart; Fotostudio Ullrich & Co., Renningen

Auflage: 5. 4. 3. | Letzte Zahlen
Jahr: 2001 2000 1999 98 97 | maßgebend

frechverlag GmbH + Co. Druck KG, 70499 Stuttgart

ISBN 3-7724-2234-9 · Best.-Nr. 2234

Druck: frechverlag GmbH + Co. Druck KG, 70499 Stuttgart

*Wabenpapier - ein neues Bastelmaterial, das uns allen schon längst vom Dekorationsbereich her, z. B. für Girlanden, bekannt ist.
Bisher konnte man nur fertige Stücke aus Wabenpapier erwerben, aber jetzt ist es möglich, eigene Kreationen selbst herzustellen!*

Hiermit eröffnen sich unendlich viele Möglichkeiten des dreidimensionalen Gestaltens.

Nun können Sie festliche oder lustige Dekorationen für eine Garten-, Kinder- oder Silvesterparty herstellen, oder wie wäre es mit plastischen Fensterbildern und bunten, kugelrunden Mobiles? Auch Grußkarten in Kombination mit farbigem Tonkarton oder Wellpappe verbergen so manche Überraschung aus Wabenpapier. Lustige Figuren zum Hängen, Stellen oder Stecken – alles ist möglich und dank des neuen Wabenpapiers gar nicht schwierig.

Dieses Papier ist in der Anwendung und in Kombination mit anderen Materialien erstaunlich vielseitig und für ganz verschiedene Anlässe geeignet! Spielen Sie mit Farben und Formen, und Sie werden erstaunt sein, wieviele neue Wabenpapier-Ideen Ihnen noch einfallen werden!

Einen riesengroßen Spaß und viel Erfolg bei Ihrer Entdeckungsreise im Land des Wabenpapiers

wünscht Ihnen Ihre

Material

Wabenpapier gibt es in verschiedenen Formaten in vielen leuchtenden Farben und zusätzlich in einer mehrfarbigen Regenbogenversion. Ein Bogen besteht aus 26 bis zu 42 Lagen Seidenpapier, das mit Klebelinien miteinander verbunden und ca. 2 mm stark ist.

Wabenpapier kann sehr wirkungsvoll mit **Foto- und Tonkarton, Mikro- und 3D-Colorwelle, Urselle-Papier** usw. kombiniert werden. Mit **Chenille-Draht, Watte- und Moosgummikugeln und sonstigen fertigen Zubehörteilen** lassen sich originelle Figuren gestalten.

Werkzeug

- Schere und Cutter
- Zacken- oder Wellenscheren
- Kreisschneider
- Schneideunterlage
- Metall-Lineal
- Wäscheklammern
- Stricknadel oder Holzspieß
- Bleistift

Hilfsmittel

- Transparentpapier und Karton für die Schnittherstellung
- Wasserfeste Filzstifte
- UHU Kraft (ohne Lösungsmittel)

Hinweise für das Arbeiten mit Wabenpapier

Zuschnitt

Die Mittelachse der Vorlage (gerade Kante) muß unbedingt **senkrecht** zu den Klebenähten des Wabenpapiers angelegt werden. Auf der Vorlage ist immer ein Richtungspfeil eingezeichnet; dieser muß **parallel** zu den Klebenähten verlaufen. Reizvolle Kantenabschlüsse entstehen durch das Ausschneiden mit Zacken- oder Wellenscheren. Verwenden Sie unbedingt scharfe Scheren, damit Sie einen exakten Abschluß erzielen. Kreise oder Halbkreise lassen sich mit einem Kreisschneider herstellen.

Kleben

Gute Klebeergebnisse erzielen Sie z. B. mit UHU Kraft ohne Lösungsmittel. Miteinander verklebte Teile werden am besten mit Wäscheklammern fixiert. Mit etwas Übung kann das Wabenteil teilweise auch ohne Grundplatte direkt auf das Motiv geklebt werden. Kleine Wabenteile, wie z. B. der Körper der Schmetterlingkarte (siehe Seite 8/9), können auch ganz ohne Grundplatte gestaltet werden.

Tips und Tricks

Zum Auffächern das Wabenpapiers sind Stricknadeln oder Holzspieße eine nützliche Hilfe (siehe Seite 7, Bild 4). Die Motivteile, die mit Wabenpapier gestaltet werden, müssen unbedingt symmetrisch sein, da sie immer mit halbem Schnitt gestaltet und dann auf 180° aufgefächert werden.

So entstehen die plastischen Formen

Zusammenfügen von zwei Halbformen

Für eine Kugel oder eine andere Form mit einem Durchmesser von bis zu 12 cm genügen zwei Wabenpapierteile, die jeweils auf eine Grundplatte aus Tonkarton aufgeklebt werden (siehe Seite 6/7). Die beiden Teile werden dann deckungsgleich zu einer Form zusammengefügt.

Zusammenfügen von mehr als zwei Teilen

Bei Kugeln oder anderen Formen mit einem Durchmesser von mehr als 12 cm müssen zusätzlich noch ein oder mehrere Teile angefügt werden, da sonst die Spannung der Waben zu stark wird (z. B. Tannenbaum, Seite 28; Früchte, Seite 15). Hier erhalten die beiden Außenseiten der zusammengeklebten Wabenpapierteile als Abschluß je eine halbierte Grundplatte aus Tonkarton, die etwas kleiner als der Zuschnitt für das Wabenpapierteil ist. Nach dem Trocknen des Klebstoffes kann die Form geschlossen werden. Wenn mehr als zwei Teile verwendet werden, ist dies in der Beschreibung angegeben.

Grußkarten mit einem Wabenpapier-Innenteil

Da das Wabenpapier ca. 2 mm dick ist, muß der Kartenrücken dieselbe Stärke aufweisen. Dies erzielt man durch eine zusätzliche Knickstelle (unbedingt vorfalzen). Bei gekauften Karten muß die Abschlußkante deckungsgleich korrigiert werden.

1

2

3

Schritt für Schritt erklärt

1. Zunächst wird die Grundform des Motivs aus Tonkarton ausgeschnitten. Zeichnen Sie dafür die Vorlage auf Transparentpapier durch, kleben Sie die Zeichnung auf dünnen Karton, und schneiden Sie sie aus. Dies ist Ihre Schablone. Nun werden die Umrisse des Motivs mit einem weichen spitzen Bleistift auf den gewünschten Tonkarton übertragen und mit einer Schere oder einem Cutter ausgeschnitten.

Tip:
Durch Fotokopieren der Vorlage auf etwas stärkeres Papier entfällt das Durchpausen des Motivs.

2. Nun wird die Grundplatte aus Tonkarton für das Wabenpapierteil hergestellt. Diese Platte ist geringfügig kleiner als die spätere Wabenpapierform. Die Größe dieser Grundplatte ist mit einem stärkeren Strich auf dem Vorlagenbogen eingezeichnet.
Das Wabenpapier wird nur als halbe Form zugeschnitten (siehe Vorlagenbogen: gestrichelte Linie). Bitte beachten Sie dabei unbedingt den Hinweis „Zuschnitt" auf Seite 5. Bei beidseitigem Bekleben der Figuren müssen zwei Halbkugeln angefertigt werden.

3. Nun wird die Mittelachse (gerade Kante) des Wabenpapierteils mit Klebstoff versehen und genau in der Mitte der Grundplatte fixiert.

4. Nach dem Trocknen des Klebstoffes wird zunächst der erste Viertelkreis des Wabenpapierteils mit Hilfe von zwei Holzspießen oder Stricknadeln geöffnet. Kleben Sie es auf der Außenfläche der Grundplatte fest, und ziehen Sie nach dem Trocknen die andere Seite, die ebenfalls festgeklebt wird, zur Grundplatte hin. Mit Wäscheklammern fixieren.

5. Nun erhält das Motiv Gesicht und weitere Accessoires wie in der jeweiligen Anleitung beschrieben. Unser Igel bekommt beidseitig neben seiner Schnauze aus schwarzen Markierungspunkten große runde Wackelaugen.

6. Jetzt kann dem Igel sein Stachelkleid auf der Vorder- und der Rückseite angepaßt werden. Für die Aufhängung stanzen Sie ein kleines Loch ein oder kleben den Faden dazwischen.

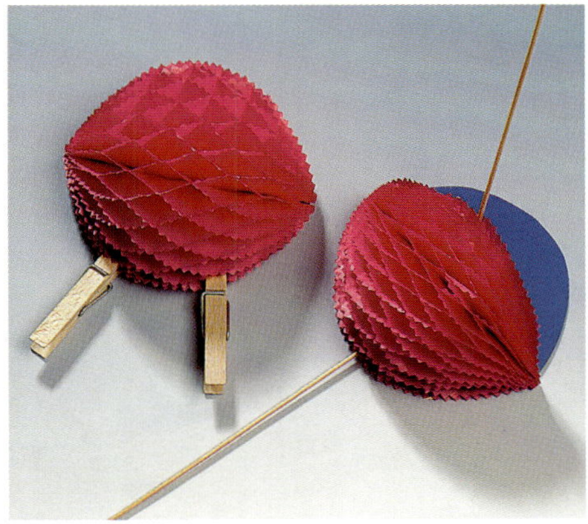

4

5

6

Hinweis:
Wenn die Figuren sitzen oder frei aufgehängt werden sollen, müssen Vorder- und Rückseite mit Wabenpapierteilen gestaltet werden; für ein Fensterbild genügt dagegen die einseitige Gestaltung.
Die meisten im Buch gezeigten Figuren können zum Sitzen, Hängen oder Stecken oder als Fensterbild abgewandelt werden.

Bunte Frühlingsboten

(Abbildung Seite 8/9)

Fensterbild-Schmetterling

- Wabenpapier in Dunkelblau
- Regenbogen-Tonkarton
- Bunte Tonkarton-Reste

Auf die aus Regenbogen-Tonkarton ausgeschnittene Schmetterlingsform werden die Verzierungen aus Regenbogen-Tonkarton und bunten Tonkarton-Resten geklebt. Erst dann befestigen Sie den Wabenkörper auf der Grundform, die aus einem Zuschnitt besteht. Das hintere Körperteil aus Wabenpapier wird mit einer Zackenschere gestaltet.

Grußkarte-Schmetterling

- Regenbogen-Wabenpapier
- Regenbogen-Tonkarton
- Tonkarton in Violett

Karte (30 cm x 21 cm) aus Tonkarton in Violett zuschneiden und den ausgeschnittenen Schmetterling zusammen mit dem Wabenteil einkleben (siehe Seite 5: „Grußkarten").

Reiher

- Regenbogen-Wabenpapier
- Regenbogen-Tonkarton
- Tonkarton in Orange
- Wackelaugen, 15 mm Ø

Die Grundform des Reihers wird aus Regenbogen-Tonkarton ausgeschnitten. Dann werden der Schnabel und das Wackelauge aufgeklebt. Bringen Sie zuletzt das Körperteil aus Wabenpapier an.

Österliche Dekorationen

Osterhase

- Wabenpapier in Goldgelb
- Tonkarton in Braun, Beige, Rosa, Weiß und Schwarz
- Tiernase, 65 mm x 25 mm

Zuerst wird der Hasenkörper aus braunem Tonkarton zugeschnitten. Kleben Sie auf den Kopf die Ohren-, Haar- und Augenteile sowie die Tiernase. Das goldgelbe Wabenteil wird mit der Grundplatte auf dem Körper befestigt.

Bunte Ostereier

- Wabenpapier in Regenbogenfarben, Rot und Gelb
- Tonkarton
- Faden oder Buntkordel

Die Gestaltungsweise wird auf Seite 5 („So entstehen die plastischen Formen") beschrieben. Kleben Sie zur Aufhängung zusätzlich einen Faden oder eine Buntkordel zwischen die Grundplatten.

SONJA

MARCEL

Ein Sommerfest im Garten

(Abbildung Seite 12/13)

- Wabenpapier in verschiedenen Farben
- 3D-Colorwelle
- Regenbogen-Colorwelle
- Tonkarton in verschiedenen Farben
- Buntkordel
- Holzstäbchen oder Zahnstocher

Schneiden Sie zuerst aus Wellpappe die Grundformen der Blüten in den verschiedenen Größen zu. Nun werden die passenden Wabenpapierteile angefertigt und auf die jeweiligen Grundplatten und Blütenformen fixiert. Die einseitige Ausführung ist für die Tischkärtchen, für die Blumen der Tischdekoration sowie für die Verzierung der Serviettenringe und Trinkhalme anzuwenden.

Die **Girlande** dagegen wird beidseitig mit Wabenpapier-Halbkugeln beklebt. Zum Auffädeln der Buntkordel werden in jede Wellpappe-Blüte zwei Löcher gestanzt.

Die **Serviettenringe** bestehen aus einem zusammengeklebten Streifen 3D-Colorwelle (4 cm x 14 cm), der mit einer Blüte verziert wird.

Für **Tischkärtchen** werden Fähnchen mit Namen in die Blüten gesteckt.

Der **Kerzenhalter** wird aus einem Blütenring aus Wabenpapier und aus einem Ring (1,5 cm x 17 cm) aus Wellpappe gestaltet und zusammengeklebt. Schneiden Sie das Wabenteil zweimal zu, und kleben Sie es zu einem Kranz zusammen.

Für die **Einladungskarte** (30 cm x 21 cm) werden die Blüten auf der Vorder- und der Innenseite aus Tonkarton zugeschnitten (siehe Seite 5: „Grußkarten"; die Gestaltung der Vorderseite der Karte ist auf der Umschlag-Rückseite zu sehen).

Das Innenteil erhält eine Wabenpapier-Halbkugel von 6 cm Ø.

Kleine Tischgirlanden entstehen aus kunterbunten Kugeln in drei Größen und verschiedenen Wellen- und Zackenzuschnitten (siehe Seite 5: „So entstehen die plastischen Formen").

Auf die **Trinkhalme** werden kleine halbe Blumenelemente geklebt.

Drei knackige Früchtchen

- Wabenpapier in Maisfarben, Hellgrün und Rot
- Tonkarton in Grün und Braun

Alle Früchte bestehen aus drei Teilen, die zusammengeklebt und mit zwei halben Grundformen aus Tonkarton versehen werden (siehe Seite 5: „So entstehen die plastischen Formen").

Die Blätter und Stiele werden zusammen mit der Grundform ausgeschnitten.

Die Blätter der Ananas werden mit Einschnitten versehen, die ineinander gesteckt werden.

Mit einer in vier Teile geschnittenen Tonkartonscheibe (4 cm Ø) kann der Halt des Blattwerkes zusätzlich verstärkt werden.

Wir feiern Geburtstag!

Mit den vielen lustigen Marienkäfern kann man die Geburtstagstafel ganz toll schmücken!

- Wabenpapier in Rot und Schwarz
- Tonkarton in verschiedenen Farben
- Regenbogen-Colorwelle (Tischkarten)
- Moosgummikugeln in Schwarz, 25 mm und 40 mm Ø
- Chenille-Draht in Schwarz, 6 mm Ø
- Pompons in Schwarz, 7 mm und 10 mm Ø
- Draht oder starke Nylonschnur (Fühler)
- Jute- oder Buntkordel

Die **kleinen und großen Marienkäfer** entstehen aus Tonkarton-Grundformen, auf denen die Wabenteile mit 6 cm Ø bzw. 9 cm Ø mit einer etwas kleineren Grundplatte befestigt werden. Die halbierte Moosgummikugel wird an der Ansatzstelle am Körper etwas abgeflacht und mit Körper und Grundplatte verbunden. Für die Füße nimmt man drei 11 cm bzw. 16 cm lange Chenille-Drahtteile, die in der Mitte unter der Grundplatte mit Heißkleber festgeklebt und danach zurechtgebogen werden.

Fixieren Sie die Wackelaugen und die Fühler (am Kopf leicht einschneiden) mit kleinen schwarzen Pompons. Drei bzw. fünf größere Pompons werden als Käferpunkte an den Wabenkörper geklebt.

Für die **Girlande** werden die großen Käferchen abwechselnd mit bunten Kugeln (5 cm Ø) auf einer Jute- oder Buntkordel angeordnet. Die Kugeln sind alle mit verschiedenen Wellen- und Zackenschnitten gestaltet.

(Fortsetzung von Seite 17)

Bei der **Einladungskarte** wird der Kopf des Käfers aus einem Wabenteil von 4 cm Ø, der Körper mit einer Wabenpapier-Kugel von 9 cm Ø, jedoch ohne Grundplatte gestaltet (siehe S. 5: „Grußkarten"). Die Kartengröße beträgt 30 cm x 21 cm.
Die anderen kleinen und großen Käferchen finden ihren Platz auf Geschenkpäckchen, Namenskärtchen aus Regenbogen-Colorwelle, dienen als Stecker oder als Tischdekoration.

Eine originelle Ergänzung zu dieser Tischdekoration ist die **bunte Raupe**:

- Regenbogen-Wabenpapier
- Moosgummikugel in Haut und Rot, 40 mm Ø
- 2 Wackelaugen mit Lidern, 10 mm Ø
- 3 Pompons in Rot, 7 mm Ø
- Schnur, 45 cm lang
- Nylonschnur oder Draht (Fühler)

Schneiden Sie vier Scheiben (4 cm Ø) aus Wabenpapier aus, und lochen Sie diese mit der Lochzange in der Mitte. Sämtliche Teile werden zusammengeklebt und auf eine Schnur gefädelt, damit die Raupe ihre Form behält. Für den Kopf wird ein Drittel der hautfarbenen Moosgummikugel abgeschnitten. Kleben Sie Augen und Nase sowie die Fühler mit den Pompons auf den Kopf. Die Schnur mit dem Wabenteil wird am Kopf und am hinteren Ende der halbierten, roten Moosgummikugel gut mit Klebstoff fixiert.

Ein luftiges Froschkonzert

- Wabenpapier in Gelb
- Moosgummikugeln in Grün, 20 mm (10 x), 25 mm (5 x) und 35 mm Ø (5 x)
- Moosgummi in Rot und Grün (2 mm)
- 10 Wackelaugen, 10 mm Ø
- 4 Mobilebügel aus Stahldraht (2 x 20 cm und 2 x 12 cm)
- Zwirn oder Nylonfaden
- Stecknadeln; Zahnstocher

Die großen Moosgummikugeln (35 mm Ø) werden etwas mehr als bis zur Hälfte für das Froschmaul eingeschnitten. Kleben Sie in diese Öffnung je eine rote Moosgummischeibe von 4 cm Ø, die in der Mitte gefaltet wird. Für die Augen werden kleine Scheiben aus grünem Moosgummi (1,5 cm Ø) geschnitten, die im unteren Bereich zur besseren Anpassung an den Kopf leicht abgerundet werden. Die Körper bestehen aus gelben Wabenpapier-Kugeln mit 7 cm Ø.
Köpfe und Körper werden mit je einem Zahnstocher miteinander verbunden. Befestigen Sie für die Füße halbierte Moosgummikugeln (25 mm Ø) und für die Arme ganze Kugeln (20 mm Ø) am Wabenpapierteil. Die Frösche werden an zwei 20 cm und zwei 12 cm langen Stahldrahtbügeln, die bereits vorgebogene Ösen haben, befestigt. Knoten Sie alle Fäden gut fest. Mit einem Knoten um einen Stecknadelkopf wird der Faden an den Köpfen befestigt.
Zuerst wird der einzelne Frosch, dann die gegenüberliegenden Frösche ausbalanciert. Fixieren Sie sämtliche Knoten mit etwas Klebstoff.

Figuren zum Hängen, Stellen und Stecken

Der fröhliche Clown

- Wabenpapier in Lila
- Chenille-Draht in Grün, 12 mm Ø
- 2 Holzhände, 25 mm
- Wattekopf „Clown mit Nase“, 40 mm Ø
- Velours-Clownhütchen; 3,8 cm Ø
- Haarlöckchen aus Jute, kastanienfarben
- Pompon in Weiß
- Filz in Rot

Aus dem Chenille-Draht wird eine Grundfigur gebogen: Für die Beine und das Körperteil legen Sie ein 30 cm langes Stück zur Hälfte zusammen, legen das Armteil (14 cm) dazwischen und verdrehen die beiden Teile miteinander, so daß noch ein kleines Stück zur Befestigung des Kopfes übersteht. Jetzt werden der Kopf mit den aufgeklebten Löckchen und dem Hut sowie die Holzhände am Chenille-Draht befestigt. Der Körper besteht aus zwei Halbkugeln und hat einen Durchmesser von 9 cm (siehe Seite 5: „So entstehen die plastischen Formen“). Abschließend erhält der Clown noch eine große Schleife aus Filz mit einem Pompon.

Das Sommermädchen

- Wabenpapier in Gelb
- Chenille-Draht in Rot, 12 mm Ø
- Holzhände, 25 mm
- Marionettenfüße, 32 mm x 24 mm
- Wattekopf „Kindergesicht“, 40 mm Ø
- Haarlöckchen aus Jute, naturfarben
- Strohhütchen, naturfarben; 9,5 cm Ø
- Roter Filzstreifen

Die Herstellung ähnelt der des oben beschriebenen Clowns; beim Mädchen werden jedoch mehr Haare sowie ein Strohhütchen aufgeklebt. Befestigen Sie an den Beinen Marionetten-Füße aus Holz. Das Halstuch ist ein schmaler Filzstreifen.

Tip:
Die Köpfe können auch mit selbst bemalten Wattekugeln geformt werden.

Ein quakender Frosch

- Wabenpapier in Gelb
- Moosgummikugeln, 20 mm (1 x), 35 mm (1 x) und 40 mm (1 x)
- Moosgummi in Rot und Grün (2 mm)
- 2 Wackelaugen, 10 mm Ø
- Schaschlikspieß

Die Herstellung des Frosches wird auf Seite 18 (Mobile) beschrieben. Hier haben die beiden Wabenpapier-Halbkugeln jedoch einen Durchmesser von je 9 cm. Der Schaschlikspieß wird zwischen die beiden Halbkugeln geklebt und der Kopf (40 mm Ø) aufgesteckt. Der Durchmesser der roten Moosgummischeibe, die als Maul in den eingeschnittenen Kopf gesteckt wird, beträgt 4,5 cm. Die Arme (20 mm Ø) und Füße (35 mm Ø) sind je eine halbierte Moosgummikugel, die aufgeklebt wird.

Tip:
Aus mehreren aneinander-
gereihten Clowns oder anderen
Figuren entsteht eine
lustige Girlande.
Wenn der Clown selbständig
stehen soll, müssen Holzfüße
anstelle des umgebogenen
Chenille-Drahts an der Figur
befestigt werden.

Billy Bär und Maxi Fant

Billy Bär

- Wabenpapier in Gelb
- Urselle-Papier in Braun
- Tonkarton in Hellbraun und Schwarz
- 2 Wackelaugen, 15 mm Ø

Auf den schwarzen Tonkarton wird das Urselle-Papier aufgeklebt und danach die Bärenform ausgeschnitten. Kleben Sie die Ohren-, Schnauzen-, Pfoten- und Fußteile aus Tonkarton sowie die Wackelaugen auf. Das Bauch-Wabenteil wird entweder ein- oder beidseitig, je nach Verwendungszweck, aufgebracht.

Maxi Fant

- ❖ Wabenpapier in Pink
- ❖ Tonkarton in Hellblau und Rosa
- ❖ 2 Wackelaugen, 15 mm, oval

Der Elefant wird aus Tonkarton zugeschnitten. Ohren- und Fußteile sowie den Rüssel und die Wackelaugen kleben Sie auf die Grundform. Körperfalten und Zehen werden mit Filzstift aufgezeichnet. Auf eine Grundplatte aus Tonkarton wird das Wabenpapier mit Klebstoff entweder ein- oder beidseitig, je nach Verwendungszweck, plaziert.

Wabenpapier – einfach tierisch

(Abbildung Seite 24/25)

Die fleißige Biene

- Wabenpapier in Gelb
- Tonkarton in Beige und Schwarz
- Styroporkugel, 65 mm Ø
- Pompon in Rot (7 mm Ø) und 2 x in Schwarz (10 mm Ø)
- Chenille-Draht in Schwarz
- Steckdraht, 1 mm Ø, 10 cm lang
- Buntkordel
- Bastelfarbe in Schwarz, Weiß und Rosa

Befestigen Sie den Kopf auf dem Steckdraht, und bemalen Sie ihn mit Bastelfarben. Die Fühler aus Chenille-Draht mit aufgeklebten Pompons und die rote Nase werden mit Klebstoff am Kopf fixiert. Der Körper wird zweimal aus schwarzem Tonkarton zugeschnitten und mit zwei gelben Wabenpapierteilen beklebt. Bringen Sie die Flügel und die Buntkordel für die Aufhängung zwischen den Teilen an, und verbinden Sie Körper und Kopf mit Klebstoff.

Die flotte Schnecke

- Wabenpapier in Gelb
- Tonkarton in Rot
- 2 Wackelaugen mit Lidern, 10 mm Ø
- Klebepunkte (Fühler) in Schwarz, 12 mm Ø

Der Schneckenkörper sowie ein Faden für die Aufhängung werden zwischen die beiden Wabenpapier-Hälften mit einem Durchmesser von 11 cm (Grundplatten 10 cm Ø) geklebt. Bringen Sie die Wackelaugen und die Fühler an.

Das liebe Lämmchen

- Wabenpapier in Violett
- Urselle-Papier in Weiß und Rosa
- Tonkarton in Weiß und Braun
- 2 Wackelaugen, 8 mm Ø

Die Form des Lämmchens wird aus weißem Tonkarton ausgeschnitten und mit den Urselle-Papier- und braunen Tonkarton-Teilen beklebt. Befestigen Sie die Wackelaugen und das Wabenpapier auf dem Lämmchen.

Zwei Pinguine im Schnee

(Anleitung Seite 28)

Zwei Pinguine im Schnee

(Abbildung Seite 27)

- Wabenpapier in Weiß
- Tonkarton in Schwarz und Orange
- Urselle-Papier in Schwarz
- Wackelaugen, 15 mm und 20 mm Ø
- 2 kleine weiße Marabufedern

Kleben Sie das Urselle-Papier auf schwarzen Tonkarton, und schneiden Sie die Pinguinform aus. Der Schnabel und die Füße sind aus Tonkarton. Am Kopf werden die Wackelaugen und je ein Federchen festgeklebt. Knicken Sie die Fußteile an der eingezeichneten Stelle um, und fixieren Sie diese auf der Rückseite. Das Wabenteil wird je nach Verwendungszweck entweder ein- oder beidseitig aufgebracht. Bei einem Fensterbild können die Füße ohne Knickstelle angeklebt werden.

Hurra, es ist Weihnachten!

Der **Nikolaus** freut sich sichtlich auf das kommende Fest!

- Wabenpapier in Rot
- Tonkarton in Rot
- Urselle-Papier in Weiß und Rosa
- 2 Wackelaugen, 8 mm Ø
- Roter Pompon, 7 mm Ø

Schneiden Sie den Nikolaus aus rotem Tonkarton zu. Das Gesicht, der Bart, die Ärmelaufschläge sowie der Urselle-Papier-Pompon für die Mütze werden ebenfalls zugeschnitten und dann aufgeklebt. Jetzt fehlen nur noch die Wackelaugen und die Nase. Zum Schluß erhält der Nikolaus seinen schönen runden Wabenbauch, der beidseitig gestaltet wird.

Der **Tannenbaum** ist vielseitig verwendbar: man kann ihn hängen, stellen oder andere Arrangements mit ihm ausschmücken.

- Wabenpapier in Grün
- Tonkarton in Grün

Drei Wabenpapier-Teile werden mit zwei halben Grundschnitten miteinander verbunden (siehe Seite 5: „Zusammenfügen von mehr als zwei Teilen").

TINA
OLIVER

Ein Jahr geht zu Ende ...

(Abbildung Seite 30/31)

Glücksschweinchen

- Wabenpapier in Violett
- Tonkarton in Rosa

Schneiden Sie das Schweinchen aus Tonkarton aus, und zeichnen Sie Ohren, Gesicht und Hufe mit Filzstift auf. Nun wird das Wabenpapier-Teil je nach Verwendungszweck entweder einseitig oder beidseitig auf dem Schweinchen befestigt.

Kaminfeger

- Wabenpapier in Schwarz
- Wattekopf „Kindergesicht“, 30 mm und 40 mm Ø
- Chenille-Draht in Schwarz, 9 mm Ø
- Moosgummi in Grün
- Moosgummistanzteile: Schleifen, Herzchen
- Velours-Zylinder, 40 mm und 52 mm Ø
- Zahnstocher; Steckdraht
- Für die kleinen Figuren: Moosgummikugeln in Schwarz, 25 mm und 35 mm Ø
- Für die große Figur: Holzhände, 24 mm und Marionettenfüße, 32 mm x 24 mm

Das Watteköpfchen wird auf einen Zahnstocher gesteckt und bemalt bzw. mit schwarzen Haaren ergänzt. Kleben Sie den Zylinder auf, und wickeln Sie um den Hals den 10 cm (14 cm) langen Chenille-Draht für die Arme. Nun wird eine 6 cm Ø (9 cm Ø) Wabenpapier-Kugel zusammen mit dem Zahnstocher am Kopf befestigt. Halbierte Moosgummikugeln bzw. Holzhände und -füße aufkleben und die aus Moosgummi zugeschnittenen Kleeblätter sowie die Stanzteile plazieren. Diese lustigen Gesellen können an einem Faden aufhängt, auf einen Draht gesteckt oder mit einem Kleeblatt als Grundplatte für ein Tischkärtchen verwendet werden (halbierte Moosgummikugel, 35 mm Ø). Der große Kaminfeger entsteht ähnlich wie auf Seite 20 (Clown) beschrieben.

Kleeblätter

- Wabenpapier in Grün
- Tonkarton in Grün
- Steckdraht, 1 mm Ø

Die Kleeblätter aus grünem Tonkarton werden beidseitig mit Wabenpapier-Halbkugeln beklebt. Sie können aufgehängt oder als Tischdekoration verwendet werden.

Pilze

- Wabenpapier in Rot und Weiß
- Tonkarton in Rot und Weiß

Großer Pilz: Für beide Teile wird die Form dreimal ausgeschnitten und zusammengeklebt. **Mittlerer Pilz:** Der Fuß wird in zwei Teilen gefertigt; der Pilzhut besteht aus einer Halbkugel (8 cm Ø) mit roter Tonpapier-Grundplatte. **Kleiner Pilz zum Stecken:** Eine Kugel, die auf einer Seite etwas abgeflacht wird, und eine Halbkugel (beide 6 cm Ø) werden zu diesem Pilz zusammengefügt. Die weißen Punkte sind aus Tonkarton (2 cm und 3 cm Ø).